気象予報士 わぴちゃんの お天気を知る本 雲と空

岩槻秀明

いかだ社

はじめに

『お天気を知る本』第1巻は、毎日の天気の変化に大きく関わる「雲」について くわしく紹介します。雲はいわば「天気の主役」のひとつだからです。

ふと見上げた空に浮かぶ雲は何種類あるんだろう、その中で雨を降らせる雲はどれだろう、雲はどうやってできるんだろう…。雲を知ることは、天気を知ることの第一歩にもつながります。

もちろん、雲をながめてその魅力をめいっぱい楽しむのもＯＫです。姿かたちを刻々と変えゆく雲。今見ている雲とまったく同じものは2つとないと言い切ってもいいくらいです。ぜひこの本で天気を学びつつ、宝探しのような感覚で、美しい雲、おもしろい雲などをいろいろ探してみてくださいね。

2023年10月　気象予報士わぴちゃんこと岩槻秀明

目　次

本書の見かた

この本では、基本となる10種の雲（十種雲形）について図鑑形式で紹介しています。この部分のページの見かた、それからアイコンの意味を以下に紹介します。

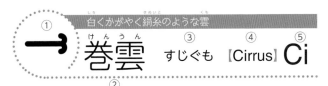

白くかがやく絹糸のような雲
① → ③ 巻雲 すじぐも 【Cirrus】 Ci ⑤

① 雲形記号…十種雲形の雲の種類を表す記号
② 名前…十種雲形の学術的な日本名
③ 俗称…日本で古くから使われてきた雲の呼び名
④ 国際名…世界共通の名前（ラテン語表記）
⑤ 国際名（略号）…世界共通の名前を略して書く時の表記

⑥雲の高さ…雲の発生する高さ。高さは緯度によって少し異なるため、温帯（日本の大部分が属する）について表記

雲の高さ（km）
13
7
5
2
地面

⑦関係する現象…雲によって引き起こされる可能性のある現象

| 雨 |
| 雷 |
| きり |
| かさ |
| 虹 |
| 彩雲 |

アイコンの意味

●降水　雨　雪　凍雨　霧雨　あられ　ひょう

●雲の粒　氷晶　氷の粒　水滴

●雲の色　白っぽい ←→ 黒っぽい

●光の現象　ハロ　彩雲　虹
※光の現象はおもなもののみ

雲の種類と予想される天気の変化

天気の変化と関係がある雲の場合、このあとどう天気が変わる可能性があるかアイコンで記しました。このアイコンは、それぞれの写真のところにつけてあります。

雨が近い　雷雨に注意
風が強まる　寒くなる

国際雲図帳2017年版で追加された新種の雲について

2017年に改訂された国際雲図帳では、新種の雲がいくつか追加されました。これらについては今のところ適切な日本名がありませんが「雲の和名ワーキンググループ」によって提唱されたものがあるので、本書でもそれを採用しました。本書に登場するものの原記載名と日本名の対応は以下のとおりです。

● volutus　ロール雲
● asperitas　荒底雲
● cauda　尻尾雲
● cavum　穴あき雲
● fluctus　波頭雲
● murus　壁雲
● flumen　流入帯雲
● aircraft condensation trail（Cirrus homogenitus）飛行機由来巻雲
● homogenitus　人為起源雲
● homomutatus　飛行機由来変異雲
● flammagenitus　熱対流雲
● silvagenitus　森林蒸散雲

雲は大きく分けて10種類

日々の天気に関係のある雲は、対流圏（地表〜高度約13km）と呼ばれる空間で発生しています。これらの雲は、発生高度、形などの基本的な性質をもとに、大きく10種類に分けられています。この10種類のことを十種雲形と呼びます。

名前の漢字は雲の性質を表しています。

「巻」は巻雲と同じ高さ、つまり高度5〜13kmに浮かぶ雲です。また「高」は巻に次いで高いところ（高度2〜7km）に浮かぶ雲です。「積」はもくもくと上に向かってのびる雲、「層」は横に平たく広がる雲、「乱」は降水のある雲という意味です。

13

巻層雲

ベールのようにうすく広がる雲。ハロができる。

→ p14

7

乱層雲

分厚くてとても大きな雲。空をべったりとおおって、しとしと雨を降らす。

→ p32

高層雲

横に広がって、空の広い範囲をおおう。色や模様のメリハリがあまりない。

→ p30

5

層雲

もやっとした湯気のような雲。雲の中でもっとも低いところに出る。

→ p38

層積雲

低いところに出る大きな雲のかたまり。形や色はさまざま。

→ p34

2

地上

対流圏の上から高度約50kmまでの部分を成層圏といいます。太陽の有害な紫外線を防いでくれるオゾン層は、高度20〜30km付近の成層圏内にあります。

成層圏の上はさらに中間圏、熱圏と続いています。オーロラは、高度100〜500kmの熱圏内に現れる現象です。

熱圏の上、地球大気と宇宙空間の境界にあたる部分は、外気圏（高度500kmより上の部分）と呼ばれます。

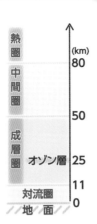

熱圏
中間圏
成層圏
オゾン層
対流圏
地面

(km)
80
50
25
11
0

対流圏と成層圏の境界。目に見える何かがあるわけではないが、雲にとってはなかなかこえられない壁のような存在。日本付近では高度13km前後だが、緯度や季節、日々の気象条件によって、その高さは大きく変動する。

成層圏
↓
対流圏界面
↓
対流層

巻雲（けんうん）

白い糸のような雲。雲の中でもっとも高いところにできる。

→ p6

巻積雲（けんせきうん）

小さなツブツブがたくさん集まったような雲。

→ p10

積乱雲（せきらんうん）

もくもくとそびえ立つ、とても背の高い雲。はげしい雷雨をもたらす。

→ p48

高積雲（こうせきうん）

たくさんの小雲が群れ集まってできた雲。ひつじぐもの名で有名。

→ p26

積雲（せきうん）

晴れた日によく出る、もくもくとした白い雲。

→ p44

白くかがやく絹糸のような雲

→ 巻雲 すじぐも 【Cirrus】Ci

基本十種の中ではもっとも高いところにできる

日々の天気の変化に関係する雲の中では、もっとも高いところに浮かぶ種類です。たくさんの白いすじが集まって見えることから「すじぐも」とも呼ばれています。

巻雲は氷晶（小さな氷の結晶）でできた雲です。この氷晶は上空の風に流されるようにして、白いすじを描きます。

低気圧や前線にともなう雲の一番外側にできやすいため、空に巻雲が現れて、だんだん雲が増えてくる時は、雨が近い

サインかもしれません。

また、発達した積乱雲（p48）の上のほうが、分厚い巻雲となって流れてくることがあります。積乱雲は雷雨を引き起こす雲なので、もくもくした雲とともに巻雲が目立つ時は天気の急変に注意が必要です。

その他、上空で吹くジェット気流（p9）と呼ばれる強い西風の近くにできることもあります。

青空に浮かぶ白い巻雲は、とても見ごたえがあって美しい。

雲の高さ

- 雲の高さ　5,000 ～ 13,000m
- 降水　ー
- 雲の色
- 雲の粒
- 光の現象
- 陰影　ふつうはない

13

7

5

2

地面

雨

雷

きり

かさ

虹

彩雲

巻雲は「雲のすじ」の集まりで、絹糸のように白くかがやき、太陽を完全に隠してしまうほどの厚さはありません。しかし濃密雲と呼ばれるタイプは例外で、雲は太陽をしっかりさえぎる厚さがあり、灰色の陰影ができることもあります。

上空の風が強い時は、雲のすじがシュッとまっすぐ長くのびますが、風が弱い時は雲のすじは短くて不規則に曲がり、糸くずや毛玉のような形になります。

巻雲がつくる幻日

巻雲を形づくる氷晶に光が当たると、ハロ（p18）が現れることがある。写真では太陽の右側に幻日と呼ばれるハロの一種ができている。

雨の前ぶれとなることも

巻雲は１年じゅうよく見られ、天気と関係なく現れるものも少なくありません。その一方で、低気圧や前線、台風が近づいてきている時に、最初に現れる雲でもあります。この雨の前ぶれとなる巻雲を雨巻雲といいます。明治～昭和初期に活躍した気象学者の藤原咲平博士は、国際名のCirrus（シーラス）と「知らす」をかけて、「雨しらす」と呼んでいました。沖縄にはあらしの前ぶれとする天気のことわざもあります。

天気のことわざの例

- すじ雲が出たら雨具の持参
- すじ雲の先が巻いていると台風（沖縄）　など

いろいろな巻雲

巻雲は、たくさんの雲のすじが集まってできた雲で、繊維のような質感があります。その雲のすじの形や並びかたなどから、11種類の細かい特徴（細分類）が認められています。細分類のうち、濃密雲、もつれ雲、肋骨雲の3種類は巻雲にのみ使われる名前です。

細分類

種…	毛状雲、鈎状雲、濃密雲、塔状雲、房状雲
変種…	もつれ雲、放射状雲、肋骨雲、二重雲
補足雲形…	乳房雲、波頭雲
付属雲…	－

鈎状雲

すじの先がクルンと巻いたり、カクッと曲がったりしたもの。低気圧や前線の接近時に出やすい。

もつれ雲

すじの向きや長さがバラバラで、不規則にからまりあう。上空の風が弱い時に見られる。

積乱雲から広がった巻雲

発達した積乱雲の上部から巻雲が広がることも。この巻雲は分厚く、逆三角形や台形に見えることが多い。こういう巻雲が見える時は、積乱雲が発生しやすいので、天気の急変に注意が必要だ。

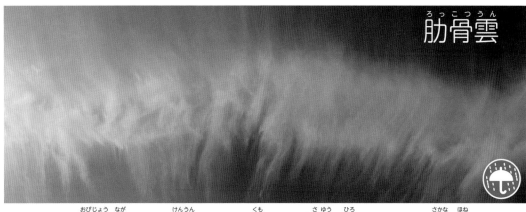

肋骨雲（ろっこつうん）

帯状に長くのびる巻雲。そこから雲のすじが左右に広がって、まるで魚の骨のように見える。飛行機雲から変化してできた巻雲に多い。

塔状雲（とうじょううん）

すじの一部が、もくもくと立ち上がったもの。

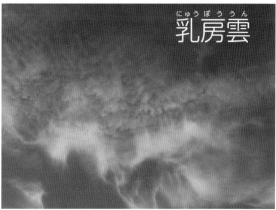

乳房雲（にゅうぼううん）

小さな雲のこぶがいくつもぶら下がった状態。

雲の高さ（km）
13
7
5
2
地面

雨
雷
きり
かさ
虹
彩雲

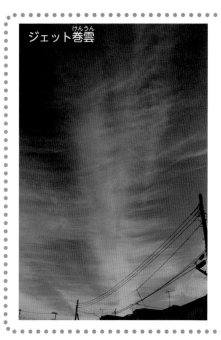

ジェット巻雲（けんうん）

ジェット気流がつくる雲（きりゅう）（くも）

日本の天気が西から東に変わることが多いのは、上空で強い西風（偏西風）が吹いているからです。この偏西風は複雑に波打ちながら、地球をぐるっと1周取り囲んでいます。その中で特に風の強い部分がジェット気流。そこにジェット巻雲と呼ばれる巻雲ができることがあります。

偏西風

よく見ると細かいツブツブの集まり

巻積雲 いわしぐも・うろこぐも【Cirrocumulus】Cc

魚のうろこやイワシの群れのように見える

　いわしぐもやうろこぐもの名前で親しまれている雲です。とても小さな雲（小雲）がびっしりと集まってできています。高積雲にも似ていますが、小雲の大きさがちがいます（p27）。また巻積雲はふつう真っ白で、雲の陰影はほとんど目立ちません。

　真っ青に澄んだ秋晴れの空に浮かぶ巻積雲は、とても見映えがするからでしょ

うか。俗称の「いわしぐも」と「うろこぐも」は、ともに俳句では秋の季語になっています。確かに秋は高気圧と低気圧が交互に通過するため、低気圧が近づくタイミングで巻積雲が出やすいという傾向はあるかもしれません。ただ秋にしか出ないというわけではなく、1年じゅう見られます。

真っ白な巻積雲は、澄んだ青空によく映える。

●雲の高さ　5,000 ～ 13,000m	●雲の粒
●降水　－	●光の現象
●雲の色	●陰影　－

雲の高さ
（km）
13
7
5
2
地面

雨

雷

きり

かさ

虹

彩雲

　雲は白色で、ふつう陰影はありません。太陽や月の周りでは、しばしばカラフルに色づく彩雲（p21）となります。なお

巻積雲は氷晶からなる雲ですが、ハロはできません。

彩雲になることも

太陽の近くにある巻積雲は、ほぼまちがいなく彩雲となる。観察する時は、太陽を直視しないようにしよう。太陽を電柱や木などでかくすとよい。

古くは漁師の間で警戒された雲

　巻積雲も巻雲と同じように、低気圧や前線に先がけて現れる雲の1つです。そのため息をのむような美しい巻積雲が次から次へと現れるような時は、雨が近いサインかもしれません。

　特に秋から冬にかけては低気圧が発達しやすく、海や山が荒れる原因となります。そのこともあり、漁師の間ではあら

しの前ぶれとなる雲として警戒されてきました。

天気のことわざの例

●うろこ雲は雨／大風、時化が続く
●さば雲は雨
●レンズ雲は風が強まるきざし

いろいろな巻積雲

　小雲がびっしりと集まってツブツブに見える巻積雲。9種類の細かい特徴（細分類）が認められています。その中でもっともよく見られるのが層状雲。いわしぐもやうろこぐもと呼ばれるものは、この特徴をもっています。波状雲もありふれた雲で、古くからさば雲と呼ばれています。

細分類

種…	層状雲、レンズ雲、塔状雲、房状雲
変種…	波状雲、蜂の巣状雲
補足雲形…	尾流雲、乳房雲、穴あき雲
付属雲…	－

さば雲

波状雲

雲がしま模様に並んだ状態。しまの太さはさまざまで、さざ波のように細かいものから、横断歩道のように太いものまである。さば雲はこの模様をサバの背中にある模様に見立てたもの。

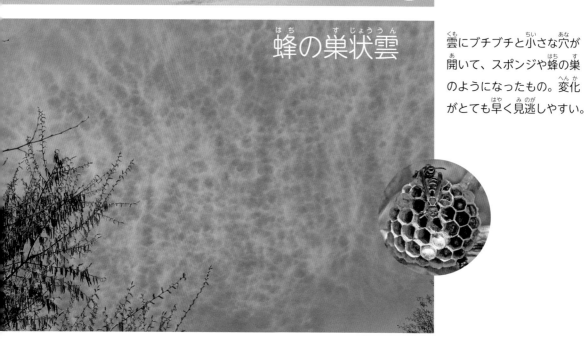

蜂の巣状雲

雲にブチブチと小さな穴が開いて、スポンジや蜂の巣のようになったもの。変化がとても早く見逃しやすい。

レンズ雲

雲のツブツブがびっしりと集まって、アーモンドやレンズの断面、サヤインゲンのような形になったもの。上空で風が強く吹いている時に現れやすい。

雲の高さ (km)
13
7
5
2
地 面

雨
雷
きり
かさ
虹
彩 雲

層状雲（そうじょううん）

雲のツブツブが集まって、紙やうすい板のように平たく広がった状態。

尾流雲（びりゅううん）

雲からの降水（氷の粒）が、すじとなって流れて見える状態。

穴あき雲（あなあきぐも）
（cavum）

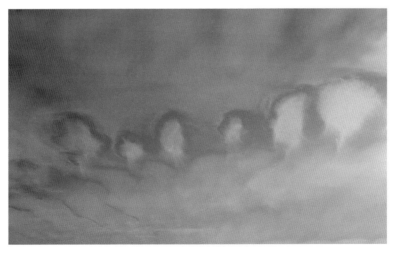

雲にボコッと穴が開いた状態。雲の中に突然氷晶ができ、そこに周りの雨の粒がどんどんくっついてしまうため、その部分が穴になる。

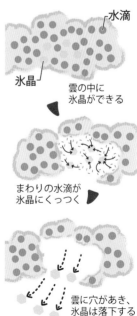

水滴

氷晶

雲の中に氷晶ができる

まわりの水滴が氷晶にくっつく

雲に穴があき、氷晶は落下する

太陽や月がかさをかぶる

2 巻層雲 うすぐも 【Cirrostratus】 Cs

雲におおわれても、太陽はまぶしく影ができる

雲は氷晶でできており、ベールのようにうすく広がるため「うすぐも」とも呼ばれています。雲のりんかくははっきりせず、どこまでが雲なのかわかりにくいです。また模様や色ムラも少なく、何となく空がぼんやりかすんでいるように見えます。

太陽は雲を通してもまぶしく、地面にははっきりと影ができます。

また大きな特徴の1つとして、さまざまなハロ（p18）ができることがあげられます。雲らしい雲がなく、単に空がかすんでいるだけのように見えても、しっかりとハロが出ていれば、そこには巻層雲があります。

ハロは種類が多く、中にはとても美しいものや、めずらしいものもあります。うすくまんべんなく広がり、模様やデコボコが少ない巻層雲は、ハロが鮮やかに出やすく観察に最適な雲です。そのため、とても地味な見た目とは裏腹に空好きの間では人気の高い雲です。

巻層雲におおわれて、太陽が「かさ」をかぶった。

● 雲の高さ　5,000 ～ 13,000m

● 降水　―

● 雲の色

● 雲の粒

● 光の現象

● 陰影　―

雨
雷
きり
かさ
虹
彩雲

巻層雲は白くかすんだような雲で、太陽や月のまわりにハロができるのが大きな特徴です。雲はとてもうすく、ふつう陰影はありません。ただ太陽の近くに別な雲があると、その雲の影が巻層雲に写りこんで見えることがあります。

青空が透けて見えることが多い

巻層雲の中でも特にうすいものは、青空が何となくかすんで見える程度。ハロが出ていなければ雲の存在に気づけないくらい。

太陽や月の「かさ」は雨の前ぶれ

巻層雲が太陽や月をおおうとハロができます。ハロは英語のhaloをカタカナ読みしたもので、日本語では「かさ（暈）」といいます。全国各地でいわれている天気のことわざの1つに「太陽や月がかさをかぶると雨」というものがあります。

巻層雲も低気圧や前線が近づくと真っ先に現れる雲の1つなので、この後天気は下り坂となって、雨が降る可能性があるためです。

天気のことわざの例

● 太陽がかさをかぶると雨
● 月がかさをかぶると雨　など

いろいろな巻層雲

　ぼんやりとしていて模様がはっきりしないため、雲に個性が出にくい傾向があります。そのこともあって、巻層雲の細分類は4種類しかありません。しかもそのうちの1つの霧状雲は、「ぼんやりとして模様もりんかくもはっきりしない」というのが特徴です。

細分類	
種…	毛状雲、霧状雲
変種…	二重雲、波状雲
補足雲形…	－
付属雲…	－

毛状雲

すじや繊維、毛のような模様があるもの。巻雲のそれに比べるとうすくぼんやりと広がったような感じに見える。

霧状雲

雲全体がぼんやりとして模様もりんかくもはっきりしないもの。ハロの形がきれいに出やすいため、ハロの観察には最適。

二重雲（にじゅううん）

浮かんでいる高さがちがう2つの巻層雲がある時、それが重なって見える状態。模様のある巻層雲（毛状雲や波状雲）どうしだと重なりがわかりやすい。

上の雲（うえくも）

下の雲（したくも）

雲の高さ（km）

13

7
5

2

地面

見上げると（みあげると）

雲が重なって見える（くもがかさなってみえる）

雨
雷
きり
かさ
虹
彩雲

波状雲（はじょううん）

雲がしま模様になった状態。模様はうすく、ぼんやりとした感じになる。

高層雲との見分けかた（こうそううんとのみわけかた）

厚い巻層雲とうすい高層雲（p30）はよく似ていて、その区別に悩むことがあります。見分けのポイントとしては、まずハロができているかどうか。ハロがあれば巻層雲です。また太陽が雲におおわれている時、地面に影ができれば巻層雲、できなければ高層雲です。

	巻層雲（けんそううん）	高層雲（こうそううん）
太陽（雲越し）（たいようくもごし）	まぶしい	あまりまぶしくない、または見えない
地面の影（じめんかげ）	できる	できない
ハロ	できる	できない
雲の色（くもいろ）	白色〜明るい灰色（はくしょく〜あかるいはいいろ）	灰色〜暗い灰色（はいいろ〜くらいはいいろ）

太陽のかさ（ハロ）

日がさ

月がさ

空気中をただよう氷晶が引き起こす光の現象

　小さな氷の結晶を氷晶といいます。氷晶は無色透明で、多くは六角形の板や柱のような形をしています。氷晶に光が当たると、表面ではね返ったり（反射）、中を通りぬける過程で光が曲がったり（屈折）します。その結果できた光の点や円弧がハロです。

　氷晶からなる巻雲や巻層雲は、ハロをつくる雲の代表です。また積雲や積乱雲の中に氷晶ができることもあり、ときにそれがハロをつくります。寒冷地では細氷（ダイヤモンドダスト）によるハロも見られます。

　昼間、太陽光によってできるハロを総称して「日がさ」といいます。夜は月の光によってハロができることがあります。夜のハロは、光源が太陽から月に変わっただけで、昼間のハロとまったく同じものです。月の光によってできるハロを総称して「月がさ」といいます。

いろいろな形の氷晶

ハロにはたくさんの種類がある

　ハロの中で一番よく見られるのは内がさです。これは太陽や月を中心とした光の円です。18ページの日がさ、月がさともに内がさです。

　しかしハロは内がさだけではありません。氷晶の形、光の差しこみかたなど条件のちがいによって、たくさんの種類ができます。虹のように色鮮やかなものもあります。

　中にはめったにできないめずらしいものもありますが、幻日、上端接弧、環天頂アーク、環水平アーク、太陽柱、幻日環あたりは比較的見つけやすいハロといえます。

幻日

環天頂アーク

環水平アーク

太陽柱

さまざまな種類のハロが同時に出ることも

パリーアーク

上端接弧

幻日

内がさ

幻日

　条件がよい時は、何種類ものハロが同時に出現することもあります。また時間がたつにつれ、見られるハロの種類が変化していくこともあります。ハロが出ている時は、こまめに空をチェックすると、めずらしいハロや美しいハロに出会えるかもしれません。

ハロの種類とできる場所

ハロは種類によってその形、太陽との位置関係がしっかり決まっています。この図は、それぞれの位置関係を示したものです。図中で赤字は比較的見つけやすいもの、青字は運がよければ見られる可能性があるもの、黒字はめったに見られないものです。

太陽の反対側

ディフューズアーク

向日

120度幻日

トリッカーアーク

120度幻日

ヘースティングスアーク

ウェゲナーアーク

カーンアーク

ウェゲナーアーク

幻日環

天頂

環天頂アーク

幻日環

上部ラテラルアーク

上部ラテラルアーク

外がさ

太陽アーク

木陽アーク

外がさ

下部ラテラルアーク

バリーアーク
上端接弧

下部ラテラルアーク

幻日

幻日

太陽

内がさ

太陽側

●空全体

太陽と幻日を結ぶ幻日環は、空全体をぐるっと1周する。幻日環の線上に120度幻日と呼ばれる白い光の点ができることも。

※この図は精密に計算して作図したものではなく、およその位置関係がわかるようにしたイラストです。ハロの形状は太陽高度によっても変化します。

●太陽側

幻日（太陽の左右）と上端接弧（太陽の上）は内がさに接するように出る。環天頂アークや環水平アークは、内がさよりもさらに離れた位置にできる。

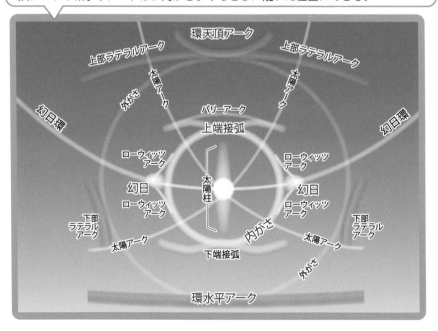

環天頂アーク

上部ラテラルアーク

上部ラテラルアーク

幻日環

外がさ

太陽アーク

太陽アーク

幻日環

バリーアーク

上端接弧

ローウィッツアーク

ローウィッツアーク

幻日

太陽柱

幻日

ローウィッツアーク

ローウィッツアーク

下部ラテラルアーク

内がさ

下部ラテラルアーク

太陽アーク

太陽アーク

下端接弧

外がさ

環水平アーク

カラフルな雲（彩雲と光環）

雲粒の形が不ぞろいなら彩雲、そろっていれば光環

太陽や月の近くにある雲がカラフルに見える現象を彩雲といいます。彩雲はさまざまな色が不規則に入りまじり、色の具合は時間とともにどんどん変化していきます。

一方の光環は、太陽や月が白くて大きな円盤のようになり、虹色に縁どられる現象です。

どちらも「光の回折」が関係する現象です。光が雲粒にあたると、その後ろ側へと回りこむようにして、光の道すじが曲げられます。これが回折で、曲がり具合は光の波長（色）によって少しずつちがいます。そのため光が色ごとにふり分けられて、虹色になるのです。雲粒の大きさが不ぞろいだと彩雲に、そろっていると光環になります。

回折のしくみ

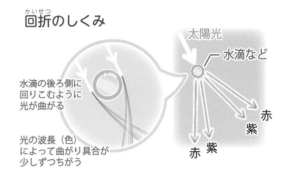

太陽光

水滴など

水滴の後ろ側に回りこむように光が曲がる

光の波長（色）によって曲がり具合が少しずつちがう

赤　紫

赤　紫

彩雲

光環

スギ花粉がつくる光環

大量に飛散するスギ花粉が、光環をつくることもあります。これを花粉光環といいます。スギ花粉は大きさや形がそろっているため、かなり見事な光環となります。観察する時は太陽をうまくかくし、直視しないようにしましょう。

七色の光のアーチ（虹）

朝虹は雨、夕虹は晴れといわれている

アレキサンダーの暗帯

副虹

主虹

虹は太陽と反対側の空にある水滴（雨粒）に光が当たるとできる、色鮮やかな光のアーチです。雨上がりの夕方、東の空に出る夕虹は、天気がよくなる時に見られることが多いものです。一方で早朝の西の空に朝虹がかかることがあります。これは大気不安定のサインで、見えた時は雨の降り方に注意が必要です。

ふつうの虹（主虹）の外側にもう1本、副虹が出て、いわゆるダブルレインボーとなることも。副虹の色の並びは主虹と逆になる。また主虹と副虹の間をアレキサンダーの暗帯といい、周りより少し暗く見える。

白い虹もある

虹をつくる水滴が、雨粒よりもはるかに小さい時は、色があまりはっきりと分かれず、白っぽい光のアーチとなります。これを白虹といいます。霧が晴れていく時に太陽を背にして立つとまれに見られることがあります。

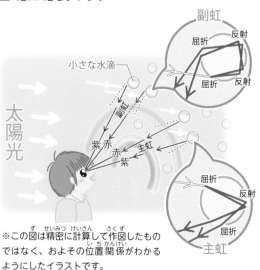

副虹

屈折

反射

小さな水滴

屈折

反射

副虹

太陽光

紫赤
赤紫
主虹

屈折

反射

屈折

主虹

※この図は精密に計算して作図したものではなく、およその位置関係がわかるようにしたイラストです。

朝と夕方の空

空気は青系の光を強く散乱させる

空が青くて夕焼けが赤いのは、どちらも空気が関係しています。太陽の光は、空気中を通りぬける時、たくさんの空気分子（空気の粒）にぶつかります。ぶつかった光は、はね返ってあちこちに散らばります（散乱）。この時、波長が短い青系の光ほど強く散乱するという性質があります。空が青く見えるのはこの青系の光によるものです。

太陽光が斜めから差しこむ朝と夕方は、光が空気中を通りぬける距離が長くなります。空気分子によって青系の光は手前でみな散乱されてしまい、残った赤系の光が目に届きます。そのため朝日・夕日は赤く見えるのです。

朝焼け

夕焼け

太陽光にはさまざまな波長の光がまじっている

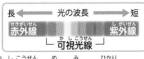

| 長 ◀━ 光の波長 ━▶ 短 |
| 赤外線　　　　　　　紫外線 |
| 可視光線 |

可視光線は目に見える光。色は波長によって異なる

波長の短い青系の光は空気分子によって手前のほうでふり分けられてしまう

空気分子

日中

空気の層を通過する距離が長い

ふり分けられた青系の光で空が青く見える

朝・夕方

波長の長い赤系の光だけが目に届く

地球の影も見える

朝と夕方、太陽と反対側の空の地平線付近が濃い青色〜ピンク色に見えることがあります。これは地球の影が空に写りこんだもので、地球影またはビーナスベルトといいます。冬晴れの日に見られます。

さまざまな色の朝焼け・夕焼け

１日のうちでもっとも空の色彩が豊かなのは、朝と夕方です。朝焼けや夕焼け、雲や空など、さまざまな色が複雑にまじりあうからです。朝焼け・夕焼けの色味は、太陽高度によって大きく変化していきます。また気象条件などによってもちがいます。

よく「夕焼けは晴れ」といわれます。この晴れになる夕焼けは23ページの写真のように、空に雲がなく、夕日の周りが少しだけ赤っぽくなる状態をいいます。

一方で空全体が焼けるような夕焼け、どす黒く不気味な夕焼け、血の色にたとえられるような鮮やかな色の夕焼けは要注意です。低い雲や厚い雲が多い時に見られるもので、天気が悪くなる前ぶれの可能性があります。

日没後もすぐに暗くはならない。

太陽がしずんだ後、すぐに真っ暗になるのではなく、しばらくはぼんやりと明るい状態が続きます。早朝も同じで、空は日の出の時間よりもかなり前から明るくなってきます。この朝夕のうす明るい空を薄明といいます。空気が澄んでいる時は、あたりがぼんやりと濃紺色の光に包まれて見えるブルーモーメントになります。

天気のことわざの例

- ●血の夕焼けは風雨
- ●夏の夕焼け船つなげ
- ●どす黒い夕焼けは雨

夕焼け空の色の例

夜空も見てみよう

積雲の目立つ夜空は要注意!?

夜空を観察する機会があったら、月や星だけではなく、雲も観察してみてください。暗闇に浮かぶ雲は、昼の雲とはまたちがった雰囲気があります。

もし夜空に積雲が次々と発生してくる時は、大気の状態が不安定になっている可能性があります。念のため気象情報を確認しましょう。

夜空に浮かぶひつじぐも（高積雲）の群れ。

台風接近前の空。夜も積雲が目立つ。

夜空にまつわる天気のことわざ

●月夜の大霜

夜間、地表の熱は宇宙に逃げていきます。そのため地面付近の空気もどんどん冷たくなっていきます。これを放射冷却といいます。月が美しく見えるよく晴れた夜は、冷えこみが一段と強まり、冬であれば霜の結晶も大きく成長します。

放射冷却のしくみ

熱は宇宙へ逃げていく

冷たい空気のかたまり

重いので地面付近にたまる

布団になる

雲

宇宙に逃げる熱をブロック

雲は布団の役目を果たすため、くもりの夜は冷えこみが弱まる。

●星がまたたくと風が強まる

星空をながめていると、星がチラチラキラキラと「またたいて」見えることがあります。これは空気分子（p54）がさかんに動いていて、密になっている場所とそうでない場所のムラが大きい時に起きる現象です。風は空気分子の動きのことで、その動きが大きくなるということは風が強くなるということでもあります。

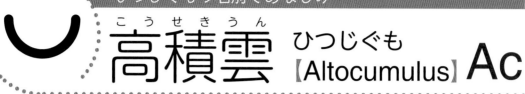

高積雲 ひつじぐも 【Altocumulus】 Ac

典型的なものは空に羊が群れたような姿に

高積雲は2000〜7000mの高さにできる雲で、たくさんの小雲の集まりからなります。その姿はまるで小石を敷きつめたようだとか、羊が群れているようだとかいい表されます。日本では古くから「ひつじぐも」の名前で親しまれています。海外でも小雲の群れを羊に見立てているようで、英語もsheep cloud（sheepは羊という意味）です。

ただ高積雲自体は実際にはとても表情豊かな雲で、羊の群れのように見えるのはその表情の1つにすぎません。気象条件によって、帯状、波状など、さまざまな形に変化します。上空の風が強い時は、風の影響を受けレンズ雲となります。

秋の雲のイメージが強いのですが、季節に関係なく1年じゅう見ることができます。

高積雲は、朝や夕方にひときわ美しく見える雲といわれています。朝焼けや夕焼けに染まりやすく、さらに雲の影が強調されて、色彩豊かになるためです。

まるで白い小石をびっしりと敷きつめたような空。

雲の高さ (km)
13
7
5
2
地面
雨
雷
きり
かさ
虹
彩雲

- 雲の高さ　2,000 〜 7,000m
- 降水　—
- 雲の色
- 雲の粒
- 光の現象
- 陰影　ふつうあり

おもに小さな水滴からなる雲で、雲のうすい部分に彩雲や光環ができることがあります。ときに氷晶が混じり、ハロができることもあります。雲の色は白から灰色まであり、しばしば雲の底には陰影ができます。また朝夕は、朝焼けや夕焼けで鮮やかに色づくこともあります。

巻積雲と高積雲の見分けかた

巻積雲

高積雲

巻積雲と高積雲とでは小雲の大きさがちがい、高積雲のほうが大きい。目安として腕をのばして小指を立てた時、指の幅より小さければ巻積雲、指の幅より大きければ高積雲。

模様や形、雲の変化に注目しよう

高積雲は天気に関係がないものも多いのですが、低気圧接近時にも現れます。時間とともに雲のすきまがなくなり、厚みが増してくる時は雨が近いかもしれません。その他、波状雲や穴あき雲（ともにp29）は雨の前ぶれ、またレンズ雲は風が強くなるサインといわれています。

天気のことわざの例

- 波状雲は雨
- 穴あき雲は雨
- レンズ雲は風が強くなるきざし

など

いろいろな高積雲

高積雲はとても表情豊かな雲で、層積雲（p34）に次いで2番目に多い17種類もの細分類の特徴が認められています。細分類はさまざまな視点で雲の特徴を細かく表したもので、中にはすきま雲（小雲と小雲の間にすきまがある）のようにすきまの部分に着目したものもあります。

細分類	
種…	層状雲、レンズ雲、塔状雲、房状雲、ロール雲
変種…	半透明雲、すきま雲、不透明雲、二重雲、波状雲、放射状雲、蜂の巣状雲
補足雲形…	尾流雲、乳房雲、穴あき雲、波頭雲、荒底雲
付属雲…	－

房状雲

1つひとつの小雲が丸みをおびた形をしていて、ころっとして見えるもの。小雲から尾流雲のすじが長くのびることも。

尾流雲

雲からすじが何本ものびた状態。このすじの正体は高積雲からの降水。ただ降水が地面に届くことはない。

半透明雲

雲がうすくて、その上の太陽や月、青空が透けて見える状態。写真の雲は今にも破けてしまいそうなほどうすく、空の色が透けて雲が青っぽく見える。

穴あき雲
（cavum）

高積雲が広がっているところに、ぽっかりと穴が開いた状態。穴あき雲のできかたについては13ページ参照。

アブラハムの樹

放射状雲

遠近効果（p36）の影響で雲が放射状に広がって見える状態。写真のように帯状の雲が放射状に広がったものはアブラハムの樹と呼ばれ雨の前ぶれとされる。

雲の高さ
（km）
13
7
5
2
地面

雨
雷
きり
かさ
虹
彩雲

波頭雲　（fluctus）

「日本画の波」に似た形の雲がいくつも並んだ状態。高さによって風速が異なる時に発生する特殊な波（ケルビン–ヘルムホルツ波）が関係している。

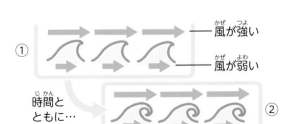

① ── 風が強い
── 風が弱い

時間とともに… ②

波状雲

雲がしま模様に並んだ状態。しま模様の太さや長さ、向きはさまざま。

高層雲 おぼろぐも 【Altostratus】 As

太陽や月は雲を通してぼんやりと見える

高度2000〜7000mのところにできる中層雲の1つで、空の広範囲をすきまなくべったりとおおいます。高層雲におおわれると空は灰色一色になり、いわゆる「高曇り」となります。雲に多少の模様や色ムラ、陰影ができることがあります。ただ色のコントラストが弱く、あまり目立ちません。

雲の厚さはさまざまで、分厚いものは太陽や月を完全にさえぎってしまいますが、比較的うすいものは雲を通して太陽や月の姿を確認することができます。雲越しの太陽や月はりんかくがぼやけておぼろげに見えます。そのことから「おぼろぐも」と呼ばれています。ただ太陽が見えていても光に力強さはなく、地面に影はできません。

高層雲がどんどん分厚くなり、ちぎれ雲が流れるようになると雨の前ぶれ。さらに雨が近づくと、ジメジメとした感じになり、雨が降る前の独特の匂いも感じられるようになります。

半透明雲

雲がうすく、雲を通して太陽や月の位置がわかるもの。

不透明雲

雲が分厚くて月や太陽を完全にさえぎってしまうもの。

●雲の高さ　2,000〜7,000m	●雲の粒
●降水	●光の現象　—
●雲の色	●陰影　あり

雲の高さ（km）
13
7
5
2
地面

雨
雷
きり
かさ
虹
彩雲

比較的うすい高層雲の場合は、太陽や月の周りに光環ができることもあります。気象条件によっては氷晶が混じることもありますが、ハロはできません。雲の色は灰色で、雲の厚さや時間帯などの条件で、その色味が変わってきます。特に分厚い高層雲は小雨や小雪を降らせることがあります。

いろいろな高層雲

一見すると変化にとぼしいように感じる高層雲ですが、よく見ると意外に表情豊かで、9種類もの細かい特徴（細分類）が認められています。ただ色のコントラストが弱いため、じっくり観察してようやく気づく程度です。

細分類

種… —
変種… 半透明雲、不透明雲、二重雲、波状雲、放射状雲
補足雲形… 尾流雲、降水雲、乳房雲
付属雲… ちぎれ雲

波状雲

雲がしま模様になった状態。高層雲の波状雲は比較的くっきりと見えるものの、立体感はあまりない。

ちぎれ雲

高層雲の下に、手でちぎったような黒っぽい雲が流れる状態。ちぎれ雲の数が増えてくる時は雨が近い。

乱層雲 あまぐも・ゆきぐも 【Nimbostratus】 Ns

とても分厚い雲で、昼間でも薄暗くなる

高度2000〜7000mのところにできる中層雲の一種に分類されていますが、とても分厚い雲であるため、下は500mくらいまで、上は10000mくらいまで広がっています。さらにその下に層雲（p38）ができることもあり、そうなると雲はいっそう低くたれこめて重苦しい感じになります。

いわゆる「あまぐも」で、多くは低気圧や温暖前線にともなって発生します。横の広がりが大きなものでは数百kmに

も達します。全体像をつかむためには、宇宙から撮影した気象衛星画像を見る必要があります。

乱層雲による雨は、降りかたの変化が小さく、しとしとと同じような強さで長い時間降り続ける傾向があります。もし急にザッと雨の降りかたが強まって、降ったりやんだりのメリハリがはっきりしている時は、乱層雲ではなく積雲や積乱雲による雨の可能性があります。気温の低い時は雪を降らせます。

空全体をべったりとおおい、昼間でもうす暗くなる。

● 雲の高さ　500 〜 10,000m

● 雲の粒

● 降水

● 雲の色

● 光の現象　―

● 陰影　あり

雲の高さ（km）
13
7
5
2
地面

雨
雷
きり
かさ
虹
彩雲

とても分厚く大きな乱層雲。この雲におおわれると空全体が灰色または暗い灰色になります。この雲の真下にいると空の色は灰色一色ですが、雨の降り始めややみ際には色ムラや陰影が出ることがあります。長時間しとしとと雨を降らせる雲で、気温が低い時は雪または凍雨を降らせます。

寒い時は雪を降らす

南岸低気圧にともなう乱層雲が雪を降らせた。太平洋側で降る雪は乱層雲によるものが多い。

いろいろな乱層雲

乱層雲は表情にとぼしく細分類も3種類のみ。そのうち降水雲は、「雨や雪を降らせる」という特徴を表したもので、乱層雲のほとんどがこの降水雲の特徴をもっています。

細分類

種… ―
変種… ―
補足雲形… 降水雲、尾流雲
付属雲… ちぎれ雲

ちぎれ雲

しとしとと雨が降り続く中、雲の下を黒っぽいちぎれ雲が次々と流れていく。

層積雲 くもりぐも・かさばりぐも 【Stratocumulus】Sc

低いところに浮かぶので重苦しい感じがする

低いところに浮かぶ、大きな雲のかたまりで、朝と夕方によく見かけます。十種雲形の中ではもっとも目にする機会の多い、とてもありふれた雲です。

1つひとつの雲のかたまりは大きく、特に決まった形はありません。色ムラが目立ち、雲の底にははっきりと影ができます。雲にすきまがある時は、そこから太陽の光がすじとなって差しこむ「天使のはしご」が見えることもあります。

ときに雲のかたまりがしま模様に並んだり、大きな石を敷きつめたような姿になることもあります。

層積雲が空全体をおおうと、とても重苦しい感じの曇り空となります。そのことから別名「かさばりぐも」とも呼ばれています。また、しま模様に並んだ層積雲は、まるで畑のうねのように見えることから、うね雲とも呼ばれます。

山岳などの地形の影響を受けやすく、さまざまな地形性の雲 (p56) ができます。

雲のすきまから降り注ぐ光のすじを「天使のはしご」という。

層積雲は水滴からなる雲ですが、気温の低い時は、雪やあられ（雪あられ）を降らせることもあります。ただ層積雲からの降水は量が少なく、降る範囲もかなりせまいのがふつうです。

雨を降らせることも

層積雲の底から雨のすじが地面に向かってのびている。ただ雨の範囲はせまいようで、雨のすじの向こう側の景色ははっきりと見えている。

朝と夕方に出やすい

層積雲は天気に関係なく、朝と夕方に出やすい雲です。朝、層積雲が空をおおっていたとしても、日が昇るにつれだんだん雲が切れて、うすくなってくる時は、雨の心配はほとんどありません。夕方は、昼間できた積雲がくずれて、層積雲へと姿を変えたものがよく見られます。これを夕暮れ層積雲といいます。

夕暮れ層積雲。昼間できた積雲が、夕方になってくずれて層積雲へと姿を変えた。

いろいろな層積雲（そうせきうん）

2017年に雲分類が見直された際、新たに5種類の細分類の特徴が追加されました。この結果、層積雲の細分類は全部で18種類となり、十種雲形 中最多となりました。これは層積雲がバリエーション豊かな雲であることを示しているといえます。

細分類（さいぶんるい）

種… 層状雲、レンズ雲、塔状雲、房状雲、ロール雲

変種… 半透明雲、すきま雲、不透明雲、二重雲、波状雲、放射状雲、蜂の巣状雲

補足雲形… 尾流雲、乳房雲、降水雲、波頭雲、荒底雲、穴あき雲

付属雲… ー

波状雲（はじょううん）

うね雲（ぐも）

雲のかたまりがしま模様に並んだ状態。まるで畑のうねのように見えることから「うね雲（ぐも）」とも呼ばれている。

遠近効果

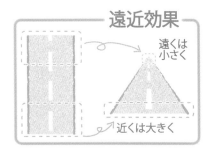

遠くは小さく

近くは大きく

近くにあるものは大きく、遠くにあるものは小さく見えることを遠近効果という。雲も同じで、遠近効果によって模様が放射状に広がって見えることがある。

放射状雲（ほうしゃじょううん）

レンズ雲（ぐも）

上空（じょうくう）の強風（きょうふう）の影響（えいきょう）を受（う）けて、雲（くも）がアーモンドや豆（まめ）のさや、凸（とつ）レンズの断面（だんめん）のような形（かたち）になったもの。

雲の高さ（km）
13
7
5
2
地面

| 雨 |
| 雷 |
| きり |
| かさ |
| 虹 |
| 彩雲 |

ロール雲（ぐも）
（volutus）

向（む）きのちがう2つの風（かぜ）がぶつかった時（とき）にできる細長（ほそなが）い円柱形（えんちゅうけい）の雲（くも）。積乱雲（せきらんうん）から吹（ふ）き出（だ）す風（かぜ）がロール雲（ぐも）をつくることがあるため、雷雨（らいう）の前（まえ）ぶれとして注意（ちゅうい）が必要（ひつよう）な雲（くも）の1つ。

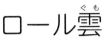

房状雲（ふさじょううん）

2017年（ねん）、層積雲（そうせきうん）の細分類（さいぶんるい）に新（あら）たに追加（つい）加（か）された。雲（くも）のかたまりが丸（まる）っこい形（かたち）をしているもの。雲底（うんてい）は平（たい）らではなく、ほつれたようになっている。

荒底雲（こうていうん）（asperitas）

2017年（ねん）に追加（ついか）された新（あたら）しい細分類（さいぶんるい）の1つ。雲（くも）の底（そこ）が大（おお）きく複雑（ふくざつ）にうねって、荒波（あらなみ）のように見（み）える。

層雲 きりぐも 【Stratus】 St

雨の日、山の周りでよく見られる

湯気や霧のような雲で、十種雲形の中では一番低いところに現れます。山の周りに特に現れやすく、雨の日にはかなりの確率で見られます。また早朝や夕方にもよく見られます。

平地でも、雨雲の下に発生して「ちぎれ雲」となってすばやく流れていく姿をよく見かけます。都市部では、高い建物の上のほうが雲の中にかくれてしまうこともあります。

霧が晴れていく時には、地面付近の視界がよくなっても、少し高いところの霧が、層雲としてしばらく残ることがあります。

地面に接していれば霧、地面から離れたところに出ていれば雲と呼び分けられています。ただ、山の層雲は、そのちがいがはっきりしなくなり、山道を歩いていると層雲の中に突入して急にあたりが霧に包まれてしまうこともよくあります。

雨の日は、山はだにまとわりつくような層雲がよく見られる。

●雲の高さ　2,000m以下（雲の底）　　●雲の粒

●降水　　　　　　　　　　　　　　　　●光の現象

●雲の色　　　　　　　　　　　　　　　●陰影　　ー

雲の高さ
（km）
13
7
5
2
地面

雨
雷
きり
かさ
虹
彩雲

とても寒い地域では、氷晶からなる層雲ができることがあります。この氷晶はハロをつくります。ただ日本では氷晶の層雲はまれで、見かける層雲の多くは、水滴でできています。

層雲から降る雨は、ふつうの雨に比べると雨粒がとても小さく、ゆっくりと落ちてきます。このような降りかたをする雨を霧雨といいます。

高い建物の上のほうをかくしてしまうことも

層雲はとても低いところにできるため、高層ビルや鉄塔、観覧車などの上のほうを、すっぽりとおおってしまうことがある。

朝曇りや朝霧はすぐに晴れる

雨上がりなどで地面付近の空気が湿っていると、夜の冷えこみで層雲などの低い雲が発生することがあります。この雲が朝曇りの原因となります。

やがて日が高くなり、空気が暖められると雲は蒸発して、急速に晴れていきます。朝霧も、遅くとも朝9時を過ぎるころには急速に消えていきます。

曇り空がいつまでも続く時は、別な理由が考えられ、晴れない可能性があります。

天気のことわざの例

●朝曇りは晴れ、夕曇りは雨

●朝霧は頭のはげるほど暑くなる

など

いろいろな層雲

　雲の性質から霧状雲（ぼんやりとしてりんかくがはっきりしない雲）と、断片雲（りんかくがはっきりしていて湯気のような雲）に分けられます。また霧雨を降らせるものは降水雲と呼ばれます。

半透明雲

雲が比較的うすいため、雲を通しても、太陽や向こう側の景色がぼんやりとわかる状態。太陽のりんかくはふつうくっきりと見える。

不透明雲

厚くて濃い層雲。太陽や向こう側の景色を完全にさえぎってしまう。そのような層雲を不透明雲という。山道でこの雲に包まれると、急にあたりが真っ白になって視界が悪くなる。

波状雲

雲がしま模様に並んだ状態。層雲の波状雲は非常にめずらしく、見られたらとてもラッキー。

雲の高さ (km)
13
7
5
2
地 面

雨
雷
きり
かさ
虹
彩雲

波頭雲（fluctus）

ケルビン-ヘルムホルツ波（p29）によってできる雲。雲の縁にかまのような形の出っぱりがいくつも並んで見える。

霧状雲

ぼんやりとしていて、形がはっきりせず、どこからどこまでが雲なのかわかりにくいもの。山や建物など黒っぽい背景がないと、出ていても気づきにくい。

こごり雲、片乱雲、黒猪

断片雲

霧状雲とはちがい、りんかくがはっきりしていて雲の形がわかる。もやもやとした湯気のような雲で、みるみるうちに姿かたちを変えていく。山の周りでよく見られるほか、高層雲や乱層雲の下に発生して、「ちぎれ雲」となって流れていくことも。

見通しの悪くなる現象

霧ともや、かすみ

　霧、もやともに、たくさんの小さな水滴が空中をただよって、視程（くわしくは下の囲みへ）が悪くなった状態です。視程が1km未満（1km先のものが見えない）の場合を霧、1km以上ある時をもやといいます。

　かすみ（霞）は、空が何となく白くかすんだ状態をいいます。ただ正式な気象用語ではないため、基準は特に決められていません。

霧

よく目をこらして見ると、とても細かい水滴がたくさん動いているのがわかる。

視程とは？

2km先　見えない

視程
1km

1km先

見える

　空気中にちりや小さな水滴などがただよっていると、遠くがかすんで見えづらくなります。視程はどのくらい先まで見通すことができるかを数字で表したものです。

　まずはあらかじめ、観測地点から見えるいろいろな目標物（建物や山など）までの距離を測っておきます。そして観測時は、目で見える一番遠い目標物を探し、その距離を記録。これが視程となります。

もや

もやの場合、空が白っぽくかすんでいるものの1km以上先は見える。ただし10km先は見えない。

！ 濃霧注意報

霧で視界が悪くなると交通事故の原因になります。そこで濃い霧の発生が予想される時は濃霧注意報が発表されます。

煙霧、黄砂

　土ぼこりや煙、黄砂、花粉、火山灰、PM2.5などの、かわいた微粒子が原因で空がかすんで見通しが悪くなった状態をまとめて煙霧といいます。

　煙霧のうち、強風によって巻き上げられた土ぼこりが原因であることが明らかな場合にかぎり、「ちり煙霧」と呼んで区別します。

　黄砂は、中国大陸にある砂漠（タクラマカン砂漠など）の砂のことです。砂漠地帯で大きな砂あらしが発生した時、砂の一部が、はるばる日本列島にまで飛んでくることがあり、春先に多く観測されます。黄砂が飛んでくると空は茶色くかすみ、車や洗濯物が汚れたりします。また見通しが悪くなって、交通に影響が出ることもあります。

黄砂によってかすんだ空

ちり煙霧

地ふぶき

　寒い地域では、地面に積もった雪が粉のようにサラサラとしています。風が強い時は、この積もった雪が空に巻き上げられ、晴れているのに急にふぶきのように見通しが悪くなります。これを地ふぶきといいます。地ふぶきによって目線の高さの見通しがとても悪くなった状態を「高い地ふぶき」、目線の高さの見通しがそこまで悪くならない状態を「低い地ふぶき」といいます。

晴れの日に浮かぶ、もくもくとした雲

積雲 わたぐも・つみぐも【Cumulus】 Cu

大気の状態が不安定な時は積乱雲へと発達

晴れた日によく見られる、もくもくとしたりんかくの雲です。まるで白い綿をちぎったように見えることから「わたぐも」とも呼ばれます。太陽からの熱によって暖められた空気は、軽くなってぷかぷかと上昇します。この上昇気流が積雲をうみだすもととなっています。

積雲は上昇気流によって、もくもくと上に向かって成長していく雲で、その成長の度合いによって扁平雲、並雲、雄大雲と名前が変わります。

ふつうは並雲までで、それ以上大きくなることはないのですが、大気の状態が不安定で上昇気流が強い時は、上に向かってどんどん成長していき、見上げるような高さになります。これが積雲の雄大雲で、古くから入道雲の名前で知られています。この雄大雲がさらに成長すると、積乱雲（p48）へと姿を変え、雷雨をもたらします。

夏の雲のイメージが強い積雲ですが、季節を問わず1年じゅう見られます。

積雲の発達段階と雲の名前

積雲が生まれる直前の空。うすく白っぽくなっている部分で、雲のもととなる水滴ができはじめている。

扁平雲

発生してまもない積雲。コッペパンのように横長で、雲の底の影はあまり目立たない。

● 雲の高さ　2,000m以下（雲の底）　● 雲の粒

● 降水

● 雲の色

● 光の現象

● 陰影　あり

雲の高さ
(km)
13
7
5
2
地面

雨
雷
きり
かさ
虹
彩雲

冬、積雲がもやもやしはじめたら寒くなる

　ふつう積雲はもくもくとしていますが、雲の中に氷晶が増えてくると、けばだったり、もやもやとしたような感じになったりします。冬季、上空に強い寒気が流れこんできた時によく発生します。冬にもやもやとした積雲が見えたら寒波到来のサイン。全国的に北風が強まって寒くなり、日本海側や山ぞいは大雪に注意が必要です。

白くもやもやとした部分は、積雲から流れてきた氷晶の集まり。

\わたぐも/

雄大積雲、入道雲

並雲

扁平雲が成長し、もくもく立ち上がってきたもの。雲の底にはっきりと影ができている。晴れた日の昼間に浮かぶ「わたぐも」の多くはこれ。

雄大雲

上に向かってさらにもくもくと成長し、見上げるような高さになったもの。シャワーのような雨を降らせることも。

46

いろいろな積雲

　扁平雲、並雲、雄大雲の３つは、雲の成長段階による形のちがいを表したものです。積雲のアーチ雲や漏斗雲、ちぎれ雲は、きわめてまれで、めったに見られない細分類の特徴です。

細分類

種…	扁平雲、並雲、雄大雲、断片雲
変種…	放射状雲
補足雲形…	尾流雲、降水雲、アーチ雲、波頭雲、漏斗雲
付属雲…	ずきん雲、ベール雲、ちぎれ雲

クラウドストリート

放射状雲

たくさんの積雲が列になって並んだ状態。1列のこともあるが、何列も並ぶこともある。このような積雲の列を英語でクラウドストリートと呼ぶ。

尾流雲

降水雲

　積雲からの降水（雨や雪）のうち、落ちてくる途中で蒸発して地面に届かないものが尾流雲。地面に到達して、雨や雪が降ってきたと感じられるのは降水雲。

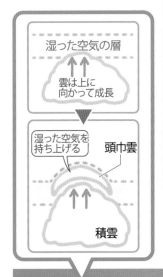

湿った空気の層

雲は上に
向かって成長

湿った空気を
持ち上げる

頭巾雲

積雲

雲の高さ
（km）

13
7
5
2
地面

雨
雷
きり
かさ
虹
彩雲

断片雲
だんぺんうん

雲が上空の風によってかき乱されて、ちぎれたようになったもの。秋から冬にかけて、北西のほうからこの雲が流れてきた時は、風が強くなって寒くなる可能性がある。

ずきん雲
ぐも

ベール雲
ぐも

てっぺんにずきんや布をかぶせたような積雲。ずきん雲はすぐに消えるが、ベール雲は横に大きく広がって長く残る。積雲が上へと成長する時、上空の湿った空気の層をいっしょに持ち上げることがあり、ずきん雲やベール雲はこの時にできる。

ちぎれ雲
ぐも

大きく成長した積雲は、雲の下に「ちぎれ雲」が流れることも。

はげしい雷雨をもたらす雲

積乱雲 かみなりぐも
【Cumulonimbus】 Cb

さまざまな気象災害を引き起こす

はげしい雷雨をもたらす雲で、とても背が高く、その高さは10kmほどにもなります。ひょうを降らせたり、竜巻などのはげしい突風を引き起こしたりすることもあります。とても大きな雲なので、何十kmも離れた場所から見ないと全体の形をつかむことはできません。積乱雲が近くにある時は、雲のある方角の空が真っ黒く見えます。

積乱雲の下ではバケツをひっくり返したように雨がはげしく降ります。1つの積乱雲が雨を降らせる範囲はせまく、また雲の寿命も数十分程度です。そのため積乱雲による雨は、ピンポイントで急にはげしく降り、短い時間でやむという特徴があります。

気象災害の多くは積乱雲が関係しています。台風は積乱雲がたくさん集まってうずを巻いたものです。また集中豪雨の原因として注目されている線状降水帯も、積乱雲が列になって並んだものです。

積雲の雄大雲

入道雲

無毛雲

積乱雲になると、雲のてっぺんが平らになる。雲のもくもく感が少しずつなくなってきて、なめらかな部分も出てくる。

入道雲

●雲の高さ　2,000m以下（雲の底）　●雲の粒

●降水　●光の現象

●雲の色　●陰影　あり

雲の高さ
（km）
13
7
5
2
地面

雨
雷
きり
かさ
虹
彩雲

火焔雲（かえんぐも）

積乱雲の上部が上空の風に流されて、横に長くのびた状態。火焔状積乱雲ともいう。

多毛雲（たもううん）

雲の中に氷晶が増えてきて、けばだったような感じになったもの。太陽との位置関係によっては、けばだった部分に幻日（p19）ができることも。

雷（かみなり）を発生させる雲

十種雲形の中で、雷を発生させる雲は積乱雲だけです。そのため別名「かみなりぐも」とも呼ばれています。積乱雲の中には氷の粒がたくさんあり、はげしくぶつかり合っています。この時に発生する静電気が雷のもとになっています。

いろいろな積乱雲（せきらんうん）

積乱雲（せきらんうん）は、雲（くも）のりんかくから大（おお）きく無毛雲（むもううん）と多毛雲（たもううん）に分（わ）けることができます。

細分類（さいぶんるい）の特徴（とくちょう）のうち、積乱雲（せきらんうん）にのみ認（みと）められるものとして、かなとこ雲（ぐも）、壁雲（かべぐも）、尻尾雲（しっぽぐも）、流入帯雲（りゅうにゅうたいうん）の4種類（しゅるい）があげられます。

細分類（さいぶんるい）

種（しゅ）… 無毛雲（むもううん）、多毛雲（たもううん）

変種（へんしゅ）… ─

補足雲形（ほそくうんけい）… 降水雲（こうすいうん）、尾流雲（びりゅううん）、かなとこ雲（ぐも）、乳房雲（にゅうぼううん）、アーチ雲（ぐも）、壁雲（かべぐも）、尻尾雲（しっぽぐも）、漏斗雲（ろうとぐも）

付属雲（ふぞくうん）… ちぎれ雲（ぐも）、頭巾雲（ずきんぐも）、ベール雲（ぐも）、流入帯雲（りゅうにゅうたいうん）

かなとこ雲（ぐも）

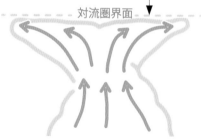

積乱雲（せきらんうん）のてっぺんが対流圏界面（たいりゅうけんかいめん）にぶつかったあと、横（よこ）に広（ひろ）がって逆三角形（ぎゃくさんかくけい）の形（かたち）になった状態（じょうたい）。かなとこは鍛冶屋（かじや）が鉄（てつ）をたたく時（とき）に使（つか）う台（だい）で、雲（くも）の形（かたち）がそれに似（に）ていることからつけられた。

雲（くも）は越（こ）えられない

対流圏界面

乳房雲（にゅうぼううん）

大（おお）きくて丸（まる）い雲（くも）のこぶが、いくつもぶら下（さ）がった状態（じょうたい）。かなとこ雲（ぐも）の部分（ぶぶん）にできることが多（おお）い。

尾流雲（びりゅううん）

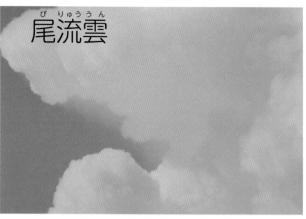

雲（くも）から降（ふ）る雨（あめ）が途中（とちゅう）で蒸発（じょうはつ）し、地面（じめん）に届（とど）かない状態（じょうたい）。かなとこ雲（ぐも）の部分（ぶぶん）にできることが多（おお）い。写真（しゃしん）ではもやもやとした部分（ぶぶん）が尾流雲（びりゅううん）。

降水雲

積乱雲の雨ははげしい上に、降っている場所と降っていない場所の境界がはっきりしている。そのため、雲から地面に向かって雨の柱が突き刺さったように見える。

雲の高さ (km)	
13	
7	
5	
2	
地 面	

雨	
雷	
きり	
かさ	
虹	
彩雲	

アーチ雲

積乱雲の雲の底にできる、土手のような黒雲。この雲の向こう側ははげしい風雨となっている。

壁雲 (murus)

発達した積乱雲の雲の底から一段低くたれこめ、スカートや、おわんの底のように見える。
雲はゆっくり回転していて、ここから竜巻が発生することも。

積乱雲に関係する雲のうち、天気の急変や突風などの前ぶれとして注意が必要なものを、第2巻『気象災害と防災』にまとめています。

世界共通の雲分類

十種雲形と細分類の組み合わせで書き表す

　雲の分類は、世界気象機関（WMO）によって世界共通のものがつくられていて、それを取りまとめた資料を国際雲図帳（International Cloud Atlas）といいます。国際雲図帳はこれまでに何回か見直しが行われていて、現在は2017年版が使われています。

　それによれば、すべての雲は、まず基本となる10種類のどれかに分類されます。この10種類の雲のことを十種雲形といいます。十種雲形だけでもかまいませんが、よりくわしく書き表す時は、あらかじめ用意された細分類の中から当てはまるものを選び、後ろにつなげていきます。

　細分類は、雲の見た目の形を表した「種」、雲の並びかたや位置関係、厚さを表した「変種」、雲に部分的に発生した特徴を表した「補足雲形」、そして本体の雲にともなってできた「付属雲」の4つの視点から名前がつけられています。

　ちなみに「種」は1つの雲に対して1つのみ（当てはまるものがない時は入れなくてよい）ですが、それ以外は複数選ぶことができます。

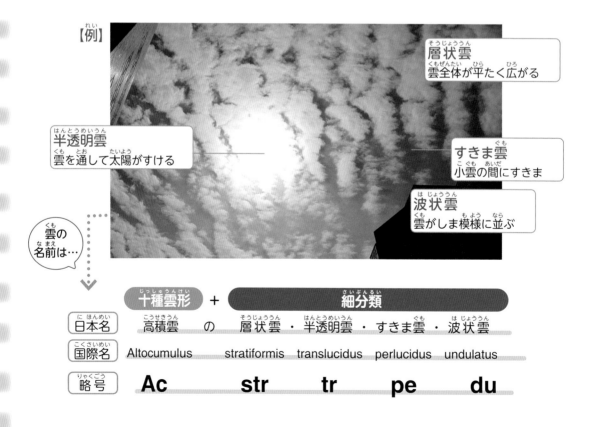

【例】

層状雲
雲全体が平たく広がる

半透明雲
雲を通して太陽がすける

すきま雲
小雲の間にすきま

波状雲
雲がしま模様に並ぶ

雲の名前は…

	十種雲形	+	細分類			
日本名	高積雲	の	層状雲・	半透明雲・	すきま雲・	波状雲
国際名	Altocumulus		stratiformis	translucidus	perlucidus	undulatus
略号	Ac		str	tr	pe	du

必須 必ず1つ選ぶ 十種雲形	オプション 必要があればあてはまるものを選ぶ（複数選択可能、ただし種は1つのみ） 細分類			
	種	変種	補足雲形	付属雲
巻雲（けんうん）	毛状雲 鈎状雲 濃密雲 塔状雲 房状雲	もつれ雲 放射状雲 肋骨雲 二重雲	乳房雲 波頭雲※	—
巻積雲（けんせきうん）	層状雲 レンズ雲 塔状雲 房状雲	波状雲 蜂の巣状雲	尾流雲 乳房雲 穴あき雲※	—
巻層雲（けんそううん）	毛状雲 霧状雲	二重雲 波状雲	—	—
高積雲（こうせきうん）	層状雲 レンズ雲 塔状雲 房状雲 ロール雲※	半透明雲 すきま雲 不透明雲 二重雲 波状雲 放射状雲 蜂の巣状雲	尾流雲 乳房雲 穴あき雲※ 波頭雲※ 荒底雲※	—
高層雲（こうそううん）	—	半透明雲 不透明雲 二重雲 波状雲 放射状雲	尾流雲 降水雲 乳房雲	ちぎれ雲
乱層雲（らんそううん）	—	—	降水雲 尾流雲	ちぎれ雲
層積雲（そうせきうん）	層状雲 レンズ雲 塔状雲 房状雲※ ロール雲※	半透明雲 すきま雲 不透明雲 二重雲 波状雲 放射状雲 蜂の巣状雲	尾流雲 乳房雲 降水雲 波頭雲※ 荒底雲※ 穴あき雲※	—
層雲（そううん）	霧状雲 断片雲	不透明雲 半透明雲 波状雲	降水雲 波頭雲※	—
積雲（せきうん）	扁平雲 並雲 雄大雲 断片雲	放射状雲	尾流雲 降水雲 アーチ雲 波頭雲※ 漏斗雲	頭巾雲 ベール雲 ちぎれ雲
積乱雲（せきらんうん）	無毛雲 多毛雲	—	降水雲 尾流雲 かなとこ雲 乳房雲 アーチ雲 壁雲※ 尻尾雲※ 漏斗雲	ちぎれ雲 頭巾雲 ベール雲 流入帯雲※

※…ICA2017で追加された新種。新種の日本名の扱いについては3ページ

雲のできかた

上昇気流があるところに雲ができる

空気はとても小さな粒（空気分子）がたくさん集まってできています。そしてこの空気分子がぎゅうぎゅうと押してくる力が「気圧」です。地表付近は空気分子が「密」にあるため気圧が高いのですが、上空に行くほどその数が少なくなり、気圧も小さくなります。

空気が上に向かって移動することを上昇気流といいます。雲は上昇気流がある場所で発生します。空気は上昇気流とともに持ち上げられると、気圧の影響でふくらみます。空気はふくらむ時に熱を消費して冷たくなります。

そしてある程度冷たくなると、空気中にふくまれていた水蒸気が、小さな水滴となって出てきます。小さな水滴がたくさんでき、目に見えるようになったものが雲です。

空気中の微粒子は雲をつくる手助けに

水蒸気が小さな水滴となるためには、手助けとなる「もの」が必要です。いわゆるチリやホコリのほか、波しぶきからできた塩の結晶、一部の細菌がその役割をはたしています。

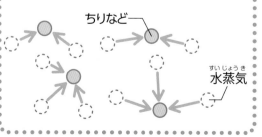

ちりなど

水蒸気

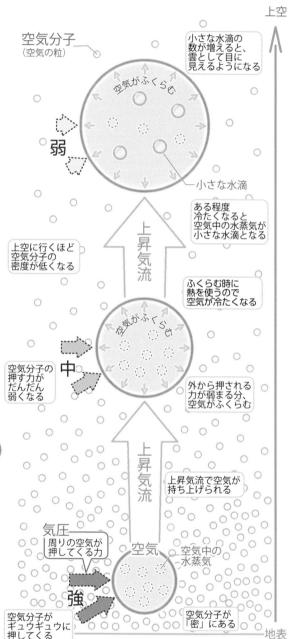

空気分子
（空気の粒）

上空

小さな水滴の数が増えると、雲として目に見えるようになる

空気がふくらむ

弱

小さな水滴

ある程度冷たくなると空気中の水蒸気が小さな水滴となる

上昇気流

上空に行くほど空気分子の密度が低くなる

ふくらむ時に熱を使うので空気が冷たくなる

空気がふくらむ

中

空気分子の押す力がだんだん弱くなる

外から押される力が弱まる分、空気がふくらむ

上昇気流

上昇気流で空気が持ち上げられる

気圧
周りの空気が押してくる力

空気

空気中の水蒸気

強

空気分子がギュウギュウに押してくる

空気分子が「密」にある

地表

上昇気流が生まれるしくみ

上昇気流はさまざまなしくみで発生しますが、その中の1つに低気圧があります。同じ高さでも、空気分子のこみ具合にはムラがあり、こんでいて気圧が高くなっている場所を高気圧、すいていて気圧が低くなっている場所を低気圧といいます。空気分子は少しでもすいているところへと移動しようとするため、高気圧側から低気圧側に向かう空気の流れができます。つまり低気圧のある場所は、周囲から空気が集

低気圧で上昇気流ができるしくみ

移動してきた空気どうしがぶつかって上へ

少しでもすいているほうに移動

高気圧　低気圧　高気圧

まってきます。そして中心に到達すると、今度は行き場を求めて上に向かって移動します。これが上昇気流となるのです。

低気圧で雲ができるのは、この上昇気流によるものです。

低気圧以外で上昇気流が生まれるしくみ（主なもの）

日射

日射によって地面付近の空気が暖められる。暖められた空気は軽くなって浮かびあがる。

対流

上下方向の空気のかきまぜ。下に暖気、上に寒気があり、その気温差が大きい時に発生。

風の収束

風と風のぶつかりあい。風は行き場を求めて上に向かう。

前線
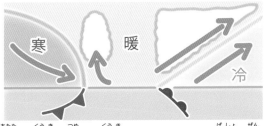
暖かい空気と冷たい空気がぶつかっている場所を前線という。前線にはいくつか種類があるが、いずれも暖かい空気の側が持ち上げられる。

地形の影響

山にぶつかった風は、斜面にそって昇っていく。また山を越えた風がふもとに達すると、バウンドするように上に向かうこともある。

地形がつくる雲

山は風の流れを変える

山などの地形は、風の流れを大きく変えてしまいます。その結果、風がぶつかったり、上昇したりして、その部分に雲ができることがあります。

山に風がぶつかると、山を越えるように吹く風と、山を左右によけるように吹く風に分かれます。山を越える風は、山頂付近に笠雲をつくります。また、山を越えた後に風が上下に波打つ「山岳波」ができることもあります。

山をよけるように吹く風は、山をよけた後、風下側で小さく渦を巻きます。この渦の部分に大きな吊るし雲やつばさ雲ができます。吊るし雲は一度できるとずっと同じ場所にとどまり続けます。名前はまるで上から吊るしたように動かないことからきています。

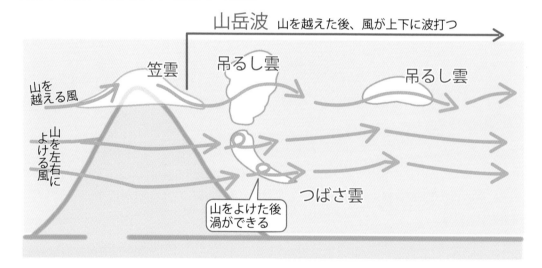

山岳波　山を越えた後、風が上下に波打つ

笠雲
山を越える風
吊るし雲
吊るし雲
山を左右によける風
つばさ雲
山をよけた後渦ができる

山岳波の雲

富士山

写真の右から左に向かって風が吹き、富士山の風下側に山岳波ができた。
山岳波の流れに対応して雲ができていて、波の様子がはっきりわかる。

笠雲も吊るし雲もレンズ雲の一種

笠雲や吊るし雲、つばさ雲は、どれも山の周りで吹く風がつくる雲で、雲のりんかくはアーモンドや豆のさや、レンズの断面のような形をしています。そのた

め雲の分類上では、高積雲または層積雲のレンズ雲の一種として位置づけられています。

笠雲

山のてっぺんにまるで雲の「菅笠」をかぶせたよう。

吊るし雲

山の近くにできる大きなレンズ雲。ずっと同じ場所にとどまり続ける。

山から雲がたなびく旗雲

山頂付近から白い雲が旗のようにたなびいていることがあり、これを旗雲または山旗雲といいます。上空の強い風が山頂付近を吹きぬけていく時に発生します。

風下側の空気は、高いところを吹きぬ

けていく強風に引っ張られるようにして上昇し、雲をつくります。できた雲は風によってどんどん流れていき、風下側へとはためいているように見えます。

旗雲

山頂付近から白い雲が旗のようになびいている。

山頂を吹き抜ける強風

旗雲

上空の風に空気が引っ張られる

飛行機がつくる雲

飛行機雲は人間活動由来の巻雲

飛行機が通った後にできる、白い線のような雲を飛行機雲といいます。人間が飛行機を飛ばすようになって初めて地球上に現れた雲で、「人がつくった雲」の1つです。

これまでは雲の分類上の位置づけがなされていませんでした。しかし2017年に見直された国際雲図帳(p52)によって、人間活動によってできた巻雲（飛行機由来巻雲）として正式に位置づけられました。

飛行機雲はできてからの変化がとても早く、あっという間に姿を変えていきます。そのため見ていて楽しいものですが、近年は地球温暖化の原因の1つになっているともいわれています。

飛行機雲
（飛行機由来巻雲）

飛行機雲（10分以上消えずに出続けたもの）は人間活動によってできた巻雲として正式に位置づけられた。

消滅飛行機雲

巻積雲や高積雲など、雲が広がっている場所を飛行機が通過すると、その道すじにそって雲が消えることがあります。これを消滅飛行機雲または反対飛行機雲といいます。

飛行機雲は時間とともに変化する

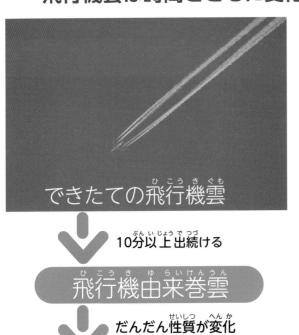

できたての飛行機雲

↓↓

10分以上出続ける

飛行機由来巻雲

↓↓

だんだん性質が変化

飛行機由来変異雲

飛行機が通ったのをきっかけにできる「飛行機雲」のうち、10分以上継続して出続けたものを飛行機由来巻雲（人間活動によってできた巻雲の1つ）と呼びます。この飛行機由来巻雲が時間とともにさらに変化して、巻積雲や巻層雲、あるいは別な形の巻雲へと姿を変えることがあります。これを飛行機由来変異雲といいます。

一連の飛行機雲の変化は、上空の湿り具合を知る目安となるため、天気のことわざにも使われています。上空が乾燥している時は、飛行機雲ができないか、できたそばから消えていきます。一方で上空が湿っている時は、一度できるとなかなか消えず、時間とともに広がって、飛行機由来変異雲になります。

天気のことわざの例

●飛行機雲がすぐに消えると晴れ
●飛行機雲がなかなか消えないと雨
●飛行機雲が大きく広がると雨　など

特殊なしくみでできる雲

雲のできかたが変わっているもの

飛行機雲のほかにも、本来の雲とはちがうしくみでできる雲がいくつか知られています。

たとえば、工場のえんとつから出る排気などが雲をつくることがあります。これはいわば「人がつくった雲」で、人為起源雲と呼ばれます。飛行機雲も人為起源雲の1つです。

ほかには、火災や噴火などの熱がエネルギー源となってできる雲や、大きな滝の滝しぶきがつくる雲、それから森林の樹冠から蒸発した水分がつくる雲などがあります。

人為起源雲

工場などの排気がつくる

工場などのえんとつから出る排気が、層雲や積雲、積乱雲をつくることがある。排気の中に含まれる水蒸気を材料に雲ができることもあれば、「すす」が雲をつくる手助けとなる役目（p54）をはたすこともある。

熱対流雲

火災などの熱でできる

火災や噴火などの熱をエネルギー源にして、積雲や積乱雲ができることも。大きな火災とともに発生した積乱雲は、突風で火の粉をまき散らしたり、落雷で新たな火災を引き起こしたりと、特に危険。

森林蒸散雲

樹冠からの蒸発でできる

木々の葉からの蒸散などにより、森林の樹冠の周りの空気は、水蒸気をたっぷりふくんでいる。この水蒸気が湯気のような層雲をつくることも。夏の雨上がりなどでまれに見られる。

地震雲は存在するの？

雲による地震予知はまず不可能

地震雲は大きな地震が起きる前ぶれとして現れる雲とされています。ところが現在あげられているものは、すべて気象学的に説明がつく雲で、明らかに地震雲と呼べるものは存在しません。

日本付近では、体に感じないものもふくめると、数えきれないほどの地震が毎日発生しています。また大気の流れも刻々と変化し、とても複雑です。仮に地殻変動が雲に何らかの影響を与えていた

としても、その関係性を見出すのはまず困難でしょう。

今の技術では、具体的な日付と場所を指定しての地震予知は不可能です。もちろん雲を見て地震を予想することもできません。変なうわさに惑わされることなく、いつどこで起きるものかわからないものとして、常に備えておきましょう。

以下、地震雲とかんちがいされがちなものをいくつか紹介します。

飛行機由来変異雲

飛行機雲が変化したもの。人間活動由来の雲であるため不自然な形をしているものも多く、地震雲とかんちがいされがち。

波状雲

波打つ風がつくる雲。ただこの波は地震によるものではなく、気象学的な理由でできたもの。

放射状雲

遠近効果によって、雲が放射状に広がって見える状態。もちろん地震とは関係ない。

雲量と天気の関係

雲量とは？

空全体のどのくらいの割合が雲でおおわれているのかを 0 ～ 10 の数字で表したものが雲量です。右の図のように約50％（5割）であれば雲量5です。雲量0は雲1つない空、雲量10は空全体が雲におおわれている状態です。雲量10はさらに、すきまありとすきまなしに分けられます。

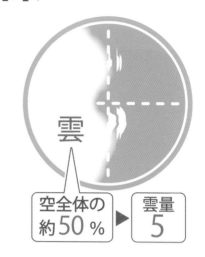

雲

空全体の
約50％ ▶ 雲量5

晴と曇の境目はどこ？

天気のうち、快晴、晴、薄曇、曇の4種類については、雲量と、雲の種類によって決められます。快晴は雲量1以下、晴は雲量2 ～ 8です。

雲量9以上のときは、空をおおっている雲がおもに巻雲・巻積雲・巻層雲であ

れば薄曇、それ以外の雲が多ければ曇です。

ただし降水や霧、雷などの大気現象があって、あらかじめ決められた基準を満たすときは別な天気にします。

快晴
●雲量1以下

晴
●雲量2 ～ 8

薄曇
●雲量9以上。
●巻雲・巻積雲
巻層雲が中心

曇
●雲量9以上。
●巻雲・巻積雲
巻層雲以外の
雲が中心

さくいん

本書は、2022年5月に小社より刊行された『雲を知る本』を再編集し、大判化したものです。

●プロフィール●

岩槻秀明 (いわつき　ひであき)

宮城県生まれ。気象予報士。千葉県立関宿城博物館調査協力員。日本気象予報士会、日本気象学会、日本雪氷学会、日本植物分類学会会員。
自然科学系のライターとして、植物や気象など自然に関する書籍の製作に携わる。自然観察会や出前授業などの講師も多数務める。また「わぴちゃん」の愛称でテレビなどのメディアにも出演している。

【気象に関する主な著書】
『図解入門　最新気象学のキホンがよ〜くわかる本』（秀和システム）/『最新の国際基準で見分ける雲の図鑑』（日本文芸社）/『気象予報士わぴちゃんのお天気観察図鑑』（いかだ社）など。
公式ホームページ「あおぞら☆めいと」
http://wapichan.sakura.ne.jp/
公式ブログ「わぴちゃんのメモ帳」
https://ameblo.jp/wapichan-official/

【参考文献】
『新・雲のカタログ　空がわかる全種分類図鑑』村井昭夫・鵜山義晃著(草思社)/『雲の名前の手帖　改訂版』高橋健司著(ブティック社)/『空の名前』高橋健司著(角川書店)/『雲を見ればわかる明日の天気』塚本治弘著(地球丸)/『明日の天気がわかる本』塚本治弘著(地球丸)/『天気で読む日本地図　PHP新書』山田吉彦著(PHP研究所)/『お天気占い入門』加藤一男著（富士書房）/『一般気象学』小倉義光著（東京大学出版会）/『登山者のための最新気象学』飯田睦治郎著（山と渓谷社）

気象庁ホームページ　https://www.jma.go.jp/jma/index.html

写真・図版・イラスト●岩槻秀明　編集●内田直子　本文DTP●渡辺美知子　装丁●トガシユウスケ

【図書館版】気象予報士わぴちゃんの
お天気を知る本　雲と空

2023年11月10日　第1刷発行

著　者●岩槻秀明
発行人●新沼光太郎
発行所●株式会社いかだ社
　　　　〒102-0072東京都千代田区飯田橋2-4-10加島ビル
　　　　Tel.03-3234-5365　Fax.03-3234-5308
　　　　E-mail info@ikadasha.jp
　　　　ホームページURL　http://www.ikadasha.jp/
　　　　振替・00130-2-572993
印刷・製本　モリモト印刷株式会社